W0299519

Heinz Grundel

Grundels Hundekunde

Der etwas andere Rassehundeführer

Kynos Verlag

© 2010 KYNOS VERLAG Dr. Dieter Fleig GmbH
Konrad-Zuse-Straße 3 · D-54552 Nerdlen/Daun
Telefon: +49 (0) 6592 957389-0
Telefax: +49 (0) 6592 957389-20
www.kynos-verlag.de

Gedruckt in Lettland

ISBN 978-3-938071-86-1

Mit dem Kauf dieses Buches unterstützen Sie die
Kynos Stiftung Hunde helfen Menschen
www.kynos-stiftung.de

Das Werk einschließlich aller seiner Teile ist urheberrechtlich geschützt.
Jede Verwertung außerhalb der engen Grenzen des Urheberrechtsgesetzes ist ohne schriftliche Zustimmung des Verlages unzulässig und strafbar. Das gilt insbesondere für Vervielfältigungen, Übersetzungen, Mikroverfilmungen und die Einspeicherung und Verarbeitung in elektronischen Systemen.

Inhaltsverzeichnis

Vorwort

Wer eine Hunderasse gekonnt porträtieren will, der muss sie genau kennen. Ihre Geschichte, die Entwicklung, das Wesen, die großen Stärken und die kleinen Schwächen. Wer eine Hunderasse karikieren will, muss mehr als das. Er muss sich in die Seele, die Persönlichkeit der Rasse einfühlen. Das Verborgene, das kein Rassestandard beschreibt, aufdecken.

Heinz Grundel kann beides. In drei bis vier Sätzen zu den humorvollen Porträtzeichnungen erzählt er mehr, als eine minutiöse Rassebeschreibung vermag. Ihm gelingt es, das ganz Besondere einer Rasse herauszuheben. Das, was diese Hunde besonders liebenswert macht und das, was ihre Halter zwischen Lachen und Weinen schwanken lässt. Niemals ist eine Ironie kränkend. Immer sind auch die Eigenschaften einer Rasse, die manchen Halter vor Probleme stellen, so dargestellt, dass sie zum zustimmenden Lachen verführen.

Seit über zehn Jahren skizziert Heinz Grundel in unserer Zeitschrift *Partner Hund* jeden Monat eine neue Rasse mit Augenzwinkern und witzigen Cartoons. Die Zahl seiner Anhänger wuchs seither stetig, die Rufe nach einem Buch, in dem die Grundelsche Hundekunde zusammengefasst ist, wurden immer lauter.

Umso erfreulicher ist es, dass der Kynos Verlag dem Wunsch vieler Hundefreunde gefolgt ist und mit diesem Buch die »Best of« der Rasseporträts des Hundekenners Grundel herausgibt. Ich bin sicher, Sie werden genauso viel Spaß an den ganz anderen Rasseporträts haben, wie die *Partner Hund* Leser.

Viel Vergnügen bei der Lektüre.

Ursula Birr
Chefredakteurin
Partner Hund

Airedale Terrier

Der Airedale Terrier gehört zu den Gebrauchshunderassen. Er hat sich im Ersten Weltkrieg ebenso als Melde- wie als Sanitätshund durch Mut, stete Bereitschaft, Zuverlässigkeit und Treue ausgezeichnet.

Der zähe, wetterfeste und treue Airedale, ein geborener Wachhund mit einem fatalen Hang zu Straßenkämpfen mit anderen Hunden, wird als Polizei- und Schutzhund eingesetzt.

Er braucht Familienanschluss, »Leben in der Bude«, viel ausgelassenes Spiel und Beschäftigung. Dann wird er seiner Familie ein treuer Kumpel und im Ernstfall entschlossener Beschützer sein.

In Kanada werden Airedale Terrier zur Jagd auf Bären eingesetzt.

Alaskan Malamute

Der Alaskan Malamute ist der größte unter den Schlittenhunderassen. Wegen seiner Kraft wird er auch »Lokomotive des Nordens« genannt.

Er versteht es meisterhaft, sich Respekt zu verschaffen. Die meisten Hunde verhalten sich ruhig, wenn er erscheint.

Er ist ein unermüdlicher
Helfer des Menschen in
kalten Regionen.

Auch in brenzligen Situationen
bewahrt er meist einen kühlen Kopf.

American Cocker Spaniel

Der American Cocker stammt von den Hunden ab, die im 17. Jahrhundert mit den Pilgervätern auf der Mayflower nach Amerika kamen. Sie wurden dort von den Eingeborenen und deren Hunden aufs Herzlichste begrüßt.

Im Körbchen oder gar in einer Hundehütte zu schlafen betrachtet er als Zumutung. Wenn man nett ist, lässt er einem sogar etwas Platz im Bett.

Es stimmt nicht, dass Spaghetti zur normalen Ernährung des American Cocker gehören, auch wenn uns manche Filme etwas anderes vorgaukeln.

Er gehorcht normalerweise aufs Wort. Wenn er es einmal nicht tut, dann nur aus wichtigem Grund.

Anatolischer Hirtenhund

Es wird angenommen, dass die Anatolischen Hirtenhunde von den großen molossoiden Jagd- und Kriegshunden der Babylonier und Assyrer abstammen.

In Namibia werden sie eingesetzt, um die Geparden von den Herden fernzuhalten.

Der Versuch, Anatolische Hirtenhunde beim Militär einzusetzen, konnte nicht gelingen, da diese selbstständigen Tiere nur mit einer scheinbar orientalischen Gelassenheit auf Kommandos reagieren oder sie gar vollkommen ignorieren.

Sein Fell benötigt sehr wenig Pflege und sollte nur hin und wieder gebürstet werden. Baden sollte höchstens einmal im Jahr stattfinden, damit das Fell nicht seine natürliche »Schutzbeschichtung« verliert.

Appenzeller Sennenhund

Der Appenzeller Sennenhund ist der unentbehrliche Gehilfe der Senner auf der Alm. Er kennt jede Kuh persönlich.

Seine Intelligenz und Anpassungsfähigkeit haben dazu geführt, dass mit großem Erfolg Appenzeller Sennenhunde als Blindenführhunde ausgebildet und eingesetzt werden.

Der wetterfeste Appenzeller liebt es, draußen zu sein. Es macht ihm auch nichts aus, im Freien zu übernachten, vorausgesetzt, sein Mensch ist in der Nähe.

Der Appenzeller ist ein unbestechlicher Wachhund. Seine Lauffreude hat schon so manchen bösen Buben in die Flucht geschlagen.

Australian Cattle Dog/Kelpie

Der Kelpie entstand in der zweiten Hälfte des 19. Jahrhunderts in Australien. Er wurde schnell zu einem der beliebtesten Hütehunde.

Er ist in der Lage, unter den extremen klimatischen Bedingungen die Schafherden effektiv über weite Distanzen zu bewegen.

Der Australian Cattle Dog ist ein ausgesprochener Arbeitshund.
Auch riesige Rinderherden trüben seinen Arbeitseifer nicht.

Wenn der Australian Cattle Dog nicht damit beschäftigt ist, Rinder zu treiben, sollte er zum Ausgleich einer Sportart nachgehen, die seiner Kraft und Intelligenz gerecht wird.

Australian Shepherd

In den 50er Jahren zog der Varietékünstler Jay Sisler mit seinen Aussies kreuz und quer durch die Vereinigten Staaten und Kanada. Auf den Rodeos waren seine Darbietungen sehr beliebt und die Zuschauer, darunter auch Viehzüchter, erkannten die bemerkenswerten Fähigkeiten dieser Hunde und so begann Sisler mit der planmäßigen Zucht.

Seine Intelligenz und Lernfähigkeit sind kaum zu übertreffen. Sein Temperament fordert anspruchsvolle Beschäftigung, er ist dankbar für Erledigungen, bei denen er mitdenken kann.

Der Aussie wurde gezüchtet, um Schafe zu hüten, zu treiben und zusammenzuhalten. Der Hüteinstinkt ist dem Aussie angeboren, er muss nur in die richtigen Bahnen gelenkt werden.

Wenn Sie einen Aussiewelpen erwerben, rate ich auf jeden Fall zum regelmäßigen Besuch einer Hundeschule.

Azawakh

Der Azawakh ist der Gefährte der Wüstenbewohner. Seine Genügsamkeit lässt ihn auch lange Märsche durch die Wüste überstehen.

Er verbringt die Zeit auf den Hüttendächern, von wo er einen guten Überblick hat und Eindringlinge sofort bemerkt.

Seine Schnelligkeit und Ausdauer lassen einen Hasen ziemlich alt aussehen.

Als angenehmer Hausgenosse braucht er nicht viel, um sich wohlzufühlen.

Basset Griffon Vendéen

Der Basset Griffon Vendéen ist ein fröhlicher Geselle, der stets zu Späßen aufgelegt ist.

Als ursprünglicher Meutehund eignet er sich ideal für viele Sportarten.

Beim Fressen ist er ein wahrer Gourmet, der nie eine günstige Gelegenheit verstreichen lässt.

Besonders der Petit Griffon Vendéen ist nicht gerade der Größte, aber das ist wohl Ansichtssache.

Basset Hound

Der Basset ist der Hund, den drei Kinder gleichzeitig streicheln können. Er ist ein manchmal eigensinniger, aber durchweg sanfter und gutmütiger Familienhund.

Sein Einfallsreichtum und Improvisationstalent helfen ihm, auf längeren Spaziergängen die Geschwindigkeit anzugleichen.

Seit den 70er Jahren hat er einen Job als Model für Schuhmode.

Seine gute Spürnase und seine Beharrlichkeit machen ihn zu einem idealen Jagdgefährten.

Beagle

Die Vorfahren des Beagle sollen schon im Heer Wilhelms des Eroberers 1066 nach England gelangt sein. Angeblich hat der Beagle durch seinen Einsatz die Idee für den Bau des Kanaltunnels geliefert.

Es soll Beagles geben, die zu Ehren ihres berühmten Vorbildes auf ihrer Hütte schlafen.

Manche Beagles
versuchen durch
hartnäckiges Verweigern
von »normalem« Hundefutter
ihre Leute zu erweichen und ihren
Speiseplan aufregender zu gestalten.

Ein Beagle jagt so
beharrlich und lautstark
– die Jäger nennen es
spurlaut – dass der Hase
manchmal genervt ist.

Bearded Collie

Die Geschichte des aus dem schottischen Hochland stammenden, rauhaarigen »bärtigen Collie« ist mit der des aus den tiefer gelegenen Gebieten Schottlands kommenden Collies eng verbunden. Als Highland oder Mountain Collie wurde er Ende des 19. Jahrhunderts als wesentlich robuster, aber auch als eigensinniger als der Collie beschrieben.

Der wetterfeste Bearded Collie hat immer das Wohl seiner ihm anvertrauten Herde im Auge.

Die Aufgabe des Bearded Collie war es, die Schafe mit viel Gebell von den Bergen zu treiben. Störrische Widder mussten zuweilen mit sanfter Gewalt nach Hause gebracht werden.

Der Bearded Collie braucht zwar eine gewisse Pflege, sie sollte aber keinesfalls übertrieben werden.

Belgischer Schäferhund

Die Schäferhunde in Belgien werden früh mit den Grundregeln der Hygiene bekannt gemacht.

Ursprünglich wurden sie zum Hüten der Schafe verwandt. Heute sind sie in erster Linie Gebrauchshunde, z. B. Rettungshunde ...

... oder Drogenschnüffler beim Zoll.

Bei Gebrauchshundeprüfungen zeigen sie manchmal etwas zu viel Eifer.

Bergamasker

Wenn man einen einfachen Trick anwendet, bekommt man heraus, wo beim Bergamasker vorn und hinten ist. Wo es wedelt, ist hinten.

Er ist sehr kräftig. Wenn man ihn ohne Aufsicht irgendwo anbindet, kann es zu Schäden kommen.

Goethe schrieb von seiner zweiten Italienreise: Vor allem wollte ich Euch meine Erfahrungen und meine Vergnügungen mitteilen. Aber ich war sehr lebhaft mit einem wundervollen Hund beschäftigt.

Dank seines einmaligen Charakters, seiner Ausgeglichenheit und Kinderfreundlichkeit lässt er sich auch problemlos in eine Familie integrieren, geht mit dem Menschen eine ganz enge Bindung ein und ist nur dann ganz glücklich, wenn er voll am Familienleben teilhaben kann.

Berger des Pyrénées

Die Aufgabe des Berger des Pyrénées ist es, seine Schäfchen auch in unwegsamen Gebirgslandschaften zusammenzuhalten.

Diese ursprüngliche Hunderasse ist sehr genügsam und braucht in der Regel deutlich weniger Futter, als so mancher Futtermittelhersteller es sich wünscht.

Gegenüber Fremden verhält sich dieser intelligente Vierbeiner eher abwartend und misstrauisch. Heimlichtuer haben keine Chance.

So liebebedürftig der Berger des Pyrénées in den eigenen vier Wänden ist, so unternehmungslustig wird er, wenn's nach draußen geht. Er liebt Geschicklichkeitspiele.

Berner Sennenhund

Als zu Anfang dieses Jahrhunderts der Berner Sennenhund zum ersten Mal auf einer Hundeschau auf sich aufmerksam machte, ahnte wohl niemand, dass dieser schlichte Bauernhund seinen Weg in alle Welt hinaus machen würde.

Der Berner Sennenhund präsentiert sich als bäuerlich robuster Hund. Dabei verbirgt sich hinter seinem kräftigen Äußeren ein feinfühliges und liebevolles Gemüt, das diesen einstigen Hofhund besonders reizvoll macht.

Als Arbeitshund zum Hüten und Ziehen von Karren eignet er sich vortrefflich wegen seines Körperbaus und seines ruhigen, ausgeglichenen Temperaments. Unter richtigem Zuggeschirr und angemessener Beladung wird er gern gefordert.

Kindern gegenüber ist er gutmütig; für ihr Territorium und dessen Grenzen hat er ein instinktives Empfinden.

Bernhardiner

Früher war es die Aufgabe des Bernhardiners,
im Schnee Verschütteten aus der Not zu helfen.

Dass er dabei ein Fass mit Alkohol bei sich trug, ist nur eine Legende. Wahrheit ist, dass dieser gutmütige Hund in den Bergen über 3000 Menschen das Leben gerettet hat.

Im Sommer zog er die Milchkarren der Sennereien.
Eine Aufgabe, der er sich mit Hingabe widmete.

Er ist ein wundervoller Spielkamerad mit einer Engelsgeduld.

Bobtail

Der Bobtail ist der geborene Clown. Selbst der größte Miesepeter schafft es nicht, sich seiner ansteckenden Fröhlichkeit zu entziehen.

Es kommt vor, dass er einen Einbrecher zwar ins Haus lässt, ihn aber daran hindert, es mit der Beute wieder zu verlassen.

Mit dem Bobtail hat man einen geduldigen Zuhörer. Probleme scheinen anschließend oft in weite Ferne gerückt.

Der Bobtail ist nicht von Natur streitsüchtig. Sollte es zu Kraftproben mit Artgenossen kommen, erledigt er die Sache in der Regel souverän.

Border Collie

Der Border Collie ist ein Arbeitshund. Er lenkt die Herden so geschickt und umsichtig, dass kaum ein Schäfer in England, Schottland oder Irland auf seine wertvolle Hilfe verzichten will.

Wird ein Border nicht beschäftigt, sondern als Sofa-Wolf gehalten, sucht er sich Aufgaben, und die sind vielleicht nicht im Sinne des Besitzers. Er braucht aktive und sportliche Halter.

Hat der passionierte Hütehund keine Schafherde, dann trainiert er beim Sonntagsspaziergang und hält die Familie hübsch dicht beisammen. Wer schlapp macht, wird von ihm ganz schnell wieder auf Touren gebracht.

Wenn keine Schafe vorhanden sind, kann man den Border Collie auch alternativ beschäftigen. Für die meisten Sportarten und auch Dogdance ist er wegen seiner Wendigkeit bestens geeignet.

Boston Terrier

Der Boston Terrier wurde als eine der wenigen echten amerikanischen Rassen in den siebziger Jahren des vorigen Jahrhunderts für Hundesportveranstaltungen auf der Grundlage der Englischen Bulldogge und des Weißen Englischen Terriers gezüchtet.

Er ist ein guter Wachhund, ohne ein Kläffer zu sein. Notfalls findet er seinen Weg, um ohne Lärm auf sich aufmerksam zu machen.

Eine ausgewogene Ernährung ist wichtig. Man sollte es mit der Vielfalt nicht übertreiben, sonst erzieht man ihn leicht zum Mäkler.

Er ist ein angenehmer Begleithund ohne ausgeprägten Jagdtrieb.

Briard

Sein Ursprung, wie bei allen Hirtenhunden, geht weit zurück. So sollen einige Exemplare bereits am Königshof von Karl dem Großen gezüchtet worden sein.

Während der Weltkriege wurde er als Meldehund in der Armee eingesetzt.

Seine enorme
Anpassungsfähigkeit
und Kinderliebe machen
ihn deshalb zum besonders
treuen Begleiter.

Das lange, zottelige Fell des Briards
ergibt inmitten einer Schafherde ein einheitliches Erscheinungsbild. Räuber und Diebe nähern sich der Herde somit ohne ensprechende Vorsichtsmaßnahmen und werden vom wachsamen, kräftigen und robusten Briard überrascht und in die Flucht getrieben.

Cairn Terrier

Wenn Sie einen gepflegten »englischen« Rasen bevorzugen, ist der Cairn Terrier nicht gerade der richtige Hund. Bei der Gestaltung beweist er ungewöhnliche Kreativität.

Ein kurzer Spaziergang um den Block reicht ihm nicht aus. Außerdem will er auch noch geistig beschäftigt werden.

Viele Cairn Terrier wälzen sich gern in allem, was gut »riecht«.
Wenn man Glück hat, reicht ein Bad im klaren Wasser.

Wenn der Cairn Terrier gut sozialisiert ist, kann man
eventuelle Aggressionen gegen Artgenossen kanalisieren.

Chihuahua

Der Chihuahua stammt aus der mexikanischen Provinz Chihuahua, nach der er benannt wurde. Er ist ein lebhafter Haushund, dem auch leichtere Witterungsunbillen nicht viel ausmachen.

Obwohl er so klein ist, ist er ein mutiger und unbestechlicher Wächter.

Größere Hunde betört er mit seinem unwiderstehlichen Charme. Auf die Weise erreicht er fast immer, was er will.

Chihuahuas zeichnen sich durch besonders manierliche »Tischsitten« aus. Ein Candle-light-Dinner mit ihnen ist das reinste Vergnügen.

Collie

Die Hauptaufgabe der intelligenten Collies war es, die halbwilden Schafe im Gelände, das dem Menschen nicht oder nur schwer zugänglich war, zu hüten. Dabei durften sie nicht den Überblick verlieren.

1943 kam der erste Lassie-Film in die Kinos. Die Hauptdarstellerin wurde wie ein Star behandelt.

Das äußere Erscheinungsbild hat sich in den letzten Jahren um einiges verändert und es ist kaum vorstellbar, dass der Collie im schottischen Hochland mit seinem heutigen Haarkleid noch Schafe hütet. Die Arbeit wäre ihm wahrscheinlich zu schmutzig.

Der heutige Collie ist eher ein Hund für den Sport.

Dackel

Der Dackel gehört zu den kurzläufigen Zwerghunden. Abbildungen über solche Hunde findet man schon in altägyptischen Gräbern.

Für die Jagd wird der Dackel auch heute noch eingesetzt, hier eignet er sich ganz besonders für die Jagd im Bau auf Dachs oder Fuchs, einer Arbeit, der er sehr gewissenhaft nachgeht.

Der Dackel benötigt viel Bewegung und Auslauf, um zu Kondition zu kommen. Und auch um nicht zu viel Gewicht zuzulegen, da er ein ausgesprochener Feinschmecker ist.

Mit anderen Hunden kommt er meist gut zurecht, wenn er nicht zu übermütig wird und sich mit ihnen anlegt, dann allerdings vorzugsweise mit den großen Rassen.

Dalmatiner

Wegen seines schmucken Aussehens kam der Dalmatiner im 17. Jahrhundert als Kutschenhund in Mode. Während früher livrierte Diener als Wächter vorauseilten, übernahmen jetzt die getupften Hunde diese Aufgabe.

Ab sofort war die Karriere des Dalmi nicht mehr zu stoppen. In den USA machte er als Feuermelder Furore.

»Trautes Heim, Glück allein« – diesen Spruch würde sich ein Dalmatiner nie und nimmer über seine Hundehütte hängen. Am glücklichsten ist er in der Nähe »seiner« Menschen.

Auch Pablo Picasso schätzte den Dalmatiner als Hausgenossen. Ob dieser ihm aber wirklich als Modell diente, ist nicht bekannt.

Deutsch Kurzhaar

Bis ins 19. Jahrhundert waren die deutschen Vorstehhunde schwer, ruhig und langsam. Die Kreuzung mit englischen Vorstehhunden brachte eine schlanke, athletische und reaktionsschnelle Rasse hervor.

Seine Spezialität ist das Vorstehen – eine besonders ausgeprägte Ausdrucksform des Jagdverhaltens, das ihm angezüchtet wurde. Der Hund verharrt in Lauerstellung, bis der Jäger auf Schussweite an das Wild herankommt.

Er verschmutzt Haus und Auto weniger als langhaarige Hunde. Außerdem zeichnet er sich durch besonders feine Manieren aus, mit dem aufgespürten Wild umzugehen.

Auch dem Deutsch Kurzhaar wird sein Können nicht in die Wiege gelegt. Daher sollte er schon als Welpe spielerisch auf seine spätere Aufgabe vorbereitet werden.

Deutsche Dogge

Der Reichskanzler Bismarck besaß Doggen, die zu der Zeit gelegentlich als «Reichshunde« bezeichnet wurden. Als der Lotse von Bord ging, war er vermutlich in Begleitung.

An Fürstenhöfen wurden sie früher zur Bärenjagd abgerichtet. Frühe Gewöhnung an die Beute war ausgeprochen wichtig.

Aufgrund der erheblichen Körperkraft einer Dogge ist natürlich eine gute Erziehung sehr wichtig. Vor allem muss sie früh lernen, nicht kräftig an der Leine zu zerren. Sonst kann es passieren, dass ein angebundener Hund keineswegs gesichert ist.

Die Deutsche Dogge ist gutmütig und liebevoll. Ihren eigenen Leuten gegenüber ist sie regelrecht anhänglich. Das kann zuweilen zu vorübergehender Schlaflosigkeit führen.

Deutscher Boxer

Der Boxer war bei Artgenossen sehr beliebt,
weil er als Metzgerhund die besten Beziehungen hatte.

Er ist ein athletischer Hund,
der täglich Bewegung braucht.

Er ist freundlich,
gutartig und
verspielt in der
Familie und mit
Freunden, besonders
mit Kindern hat er eine
Engelsgeduld.

Im Ernstfall ist er jedoch bereit, seine Menschen
zu beschützen und das Haus zu bewachen.

Deutscher Pinscher

Die Aufgabe des Pinschers war und ist, Ratten und Mäuse unter Kontrolle zu halten. Er widmet sich dieser Aufgabe mit großer Hingabe und Gewissenhaftigkeit.

Schon vor hundert Jahren war er seinem Herrn ein unermüdlicher Spielkamerad.

Wenn der Pinscher ausreichend beschäftigt wird, ist er ein angenehmer Hausgenosse. Er hält sich und seine Umgebung sauber.

Er ist ideal geeignet, als Rettungshund zu arbeiten. Furchtlos durchforscht er Trümmer, um nach Verletzten zu suchen.

Deutscher Schäferhund

Der Schäferhund ist von seiner Natur her sehr gutmütig, hilfsbereit, arbeitsfreudig und aufmerksam. Durch seine außerordentliche Lernfähigkeit ist er imstande, Theateraufführungen zu bereichern.

Im Film sprang der Deutsche Schäferhund Rin Tin Tin über Abgründe, kämpfte mit Banditen, sauste durch Flammen und rettete Menschen das Leben.

Als unbestechlicher
Wachhund hindert er
Einbrecher daran, den
Tatort wieder zu verlassen.

Schäferhunde arbeiten oft als Rettungshund und zeigen auf Wettbewerben ihr Können.

Dobermann

Louis Dobermann war nebenbei Hundefänger und hatte das Recht, Streuner einzufangen. Sein Hobby: Er paarte gerne die besonders scharfen Exemplare ...

Viele Jahre wurde der Dobermann als Polizeihund eingesetzt. Seine Erfolge sind Legende.

Hohe Intelligenz und Kraft machen ihn zum idealen Rettungshund.

Der elegante Vierbeiner in glänzendem Schwarz oder Braun ist ein idealer Partner für jede Art von Hundesport.

Englische Bulldogge

Die Englische Bulldogge, in England einfach »Bulldog« genannt, gilt seit langer Zeit – auch wegen ihrer Vorliebe für die britische Lebensweise – als britischer Nationalhund.

Der erste Hund dieser Rasse, der in das neu gegründete Zuchtbuch eingetragen wurde und praktisch als Stammvater gilt, hieß sinnigerweise »Adam« und wurde 1864 geboren.

Sein Charakter wird als aufgeweckt, unkompliziert und ausgeglichen mit »Sinn für Humor« beschrieben.

Sein Bewegungsdrang ist nicht übermäßig. Er schätzt gemütliche Spaziergänge und ist gerne in frischer Luft unterwegs. Er nimmt auch gerne an Wanderungen teil, allerdings wenn sein Besitzer solches mit ihm vorhat, muss er sich darauf vorbereiten.

English Cocker Spaniel

Als Jagdhund hat der Cocker Spaniel die Aufgabe, für den Jäger die Enten aufzustöbern.

Der Welpe hat ein großes Beiß- und Kaubedürfnis, besonders während des Zahnwechsels. Diesem muss mit Hilfe von Hundekuchen und geeigneten Spielsachen nachgeholfen werden, da der Hund sich sonst von selbst die Gegenstände aussucht.

Seine Liebe zum Wasser kann manchmal etwas lästig sein.

Heute ist er der ideale Haus- und Familienhund.

English Toy Terrier

Die Toy Terrier sind eigentlich Rattenjäger, eine Tätigkeit, die vor zweihundert Jahren als Wettsport betrieben wurde.

Auch mit passender Kleidung ist er bei Regenwetter nur schwer zu einem Spaziergang zu überreden.

Es ist ein sehr kreativer Hund, der anscheinend eine Vorliebe für Papier und Plüschtiere schon in den Genen hat.

Um den Jagdtrieb lenken zu können, sollte man schon bei kleinen Welpen darauf achten, diesen nicht noch zu fördern und ihn gleich an Kleintiere gewöhnen.

Entlebucher Sennenhund

Die Haupteigenschaft des Entlebucher Sennenhundes ist sein Einfühlungsvermögen. Er schafft es fast immer, zur richtigen Zeit am richtigen Ort zu sein.

Dass es früher seine Aufgabe war, als Gehilfe auf der Alm Löcher in den Käse zu beißen, ist ein Märchen.

Seine Kinderliebe ist – wie auch bei den anderen Sennenhunden – sprichwörtlich. Sofern er mit Kindern auch aufwachsen durfte, ist er ein echter Kamerad und beliebter Spielgefährte, stets zu einem Streich aufgelegt.

Er ist stets für »action« zu haben und für jede Art von Beschäftigung leicht zu motivieren.

Épagneul Breton

Der Épagneul Breton ist ein kompakter, kräftiger, kleiner Jagdhund, dessen gute Eigenschaften schon die Kelten schätzten.

Bereits im Mittelalter und in späteren Jahrhunderten wurden diese Hunde zur Jagd und in der Falknerei eingesetzt.

Die Leistungen des Bretonischen Vorstehhundes in der Arbeit nach dem Schuss sowie im Wasser auch bei schwierigen Verhältnissen sind ausgezeichnet. Er ist zudem ein zuverlässiger Apportierer.

Der Hund ist anpassungsfähig, gesellig und mental ausgeglichen, kinderlieb und familienfreundlich sowie überwiegend leichtführig.

Eurasier

Der Eurasier stammt aus einer Liason zwischen Chow Chow und Wolfspitz.

Er gilt als etwas mäkelig beim Fressen.
In Wirklichkeit kommt es ihm nur auf die Qualität an.

Typisch für ihn ist seine unerschütterliche Ruhe.

Für Leistungssport ist er nur bedingt geeignet.
Seine Sache sind die sogenannten Spaßsportarten.

Flat Coated Retriever

Der Ursprung des Flat Coated Retrievers geht auf den gemeinsamen Stammvater aller Retrieverahnen, den »Saint John's Dog« zurück. Dieser Hund aus Neufundland war ein kräftiger, ausdauernder Schwimmer und wurde von Seeleuten etwa Mitte des 18. Jahrhunderts nach England gebracht.

Wasser ist seine Passion. Mit Schwimmen beginnt er schon im Welpenalter und es bereitet ihm viel Spaß.

Besonders im Umgang mit Kindern ist der große Schwarze zärtlich und geduldig.

Er besitzt eine außerordentliche Suchfreude,
die er zuweilen auch für eigene Interessen nutzt.

Greyhound

Als die Kelten im 4. Jahrhundert in England einfielen, brachten sie die Vorfahren des Greyhounds mit, der unverzüglich sein neues Revier markierte.

Obwohl er viel lieber richtige Hasen jagen würde, muss er sich auf der Rennbahn mit einer Hasenattrappe zufrieden geben.

Verantwortungsvolle Besitzer bringen ihren Hund vor dem Rennen in die richtige Stimmung. Die mentale Verfassung ist für den sportlichen Hund ebenso wichtig wie die körperliche.

Zu Hause liegt er am liebsten etwas erhöht auf der Couch. Dort kann er in aller Behaglichkeit von großen Taten träumen.

Großer Münsterländer

Als Ahnen des Großen Münsterländers gelten unter anderem die sogenannten weißbunten »Vogel- und Beizhunde«, die schon seit Jahrhunderten bekannt sind und auf historischen Abbildungen dargestellt wurden. Seine Aufgabe als Hühnerhund ist es, Geflügel zu apportieren.

Die Anlage zum Vorstehen ist genetisch verankert. Entsprechend gefördert, ausgebildet und eingesetzt vollbringen Große Müsterländer hervorragende Leistungen.

Er liebt das Wasser so sehr, dass er darüber zuweilen alles andere vergisst.

Zur Zucht zugelassen werden nur Hunde, die »laut« jagen. Diese Eigenschaft und der ausgeprägte Spurwille befähigen Große Münsterländer zum Stöbern im Wald, etliche sind spur-, viele fährtenlaut, fast alle sichtlaut.

Havaneser

Die Vorfahren des Havaneser stammen aus dem Mittelmeerraum, wo sie in frühen Zeiten die Gaukler und Possenreißer begleiteten.

Italienische Überseekapitäne führten sie in Kuba ein, indem sie sie den Damen der Gesellschaft als Geschenk mitbrachten.

Der Havaneser machte sich durch seine liebenswerte Art schnell beliebt und war bald aus dem gesellschaftlichen Leben nicht mehr wegzudenken.

Seine sprichtwörtliche Intelligenz macht ihn zu einem Partner, der immer wieder für eine Überraschung gut ist.

Holländischer Schäferhund

Schon im 16. Jahrhundert war der Holländische Schäferhund Freund und Helfer des Menschen.

In der heutigen Erscheinungsform ist der Holländische Schäferhund etwa seit Beginn des 18. Jahrhunderts bekannt. Außer von den Schäfern wurde er auch von den Bauernhöfen und von Handwerkern gehalten und erfüllte dort vielerlei nützliche Funktionen.

In seinem Rudel fühlt er sich am wohlsten.

Heute findet man ihn oft als Diensthund, z. B. bei der Drogensuche.

Hovawart

Zwischen den beiden Weltkriegen begannen in Deutschland Züchter mit der Neuzucht des Hovawarts. Dem Zeitgeist entsprechend glaubten sie, im Hovawart den altgermanischen Hofhund zu erkennen.

Von Kynologen wird gern das Bild Albrecht Dürers »Ritter, Tod und Teufel« erwähnt, das auch einen mittelgroßen, langhaarigen Hund mit Hängeohren zeigt, der dem heutigen modernen Hovawart ähnelt.

Seine Robustheit und Vielseitigkeit befähigen ihn für viele Aufgaben, zum Beispiel als Schutz-, Wach- oder Rettungshund.

Irish Setter

Lange vor Aufkommen der Jagd-Feuerwaffen wurde Flugwild mit Netzen gefangen und langhaarige Stöberhunde wie der Irish Setter waren unentbehrliche Jagdhelfer. Sie fanden unter Ausnutzung des Windes dank ihrer guten Nasen das Wild in ihrem Versteck und legten sich in gebührendem Abstand davor nieder, ohne es zu scheuchen. Das war teils Abrichtung, teils Naturanlage.

Um 1870 kamen die ersten Irish Setter per Schiff nach den USA, die Amerikaner waren an guten Jagdhunden sehr interessiert.

Irish Setter halten sich von Natur aus sauber. Sie werden schnell stubenrein. Das hindert sie natürlich nicht, sich hin und wieder in allen möglichen Hinterlassenschaften zu wälzen.

Was er gelernt hat, vergisst er nicht. Wenn er eine Aufgabe nicht gern erfüllt, stellt er sich stur. Ein typischer Charakterzug. Hier helfen nur Liebe und Geduld.

Jack Russell Terrier & Parson Russell Terrier

John (Jack) Russell war Pfarrer in Symet St. George in Cornwall. Hier konnte er sich ungestört der Zucht seiner Terrier widmen. Von den Mitgliedern seiner Gemeinde erhielt er den Spitznamen »Hunting Parson« = jagdbesessener Pfarrer.

Heute sieht man den Jack Russell Terrier oft als Reitbegleithund, eine Tätigkeit, der er sich mit Leidenschaft hingibt.

Der Jack Russell Terrier ist in erster Linie ein Jagdhund. Das Stellen und Verbellen des Fuchses gehört zu seinen Hauptaufgaben.

Obwohl er sehr klein ist, sollte man seine Eignung als Wachhund nicht unterschätzen.

Kleiner Münsterländer

Der Kleine Münsterländer wurde früher auch Magisterhündchen genannt, da Pfarrer und Lehrer große Liebhaber dieser Hunde waren.

Wenn er nicht artgerecht beschäftigt wird, macht er sich gerne selbstständig und geht auf Privatjagd, wie man in Jägerkreisen schon mal das Wildern in abgemildeter Form nennt.

Er neigt aber immer etwas zum Größenwahn, denn er zeigt sich fremden Rüden oft nicht mit der gebotenen Vorsicht und lässt sich von der Größe seines Gegenübers nicht einschüchtern.

Als Gehilfe des Jägers muss er unter anderem apportieren. Eine Aufgabe, der er sich mit Hingabe widmet.

Labrador Retriever

Der Labrador Retriever stammt von der Westküste Kanadas, wo er den Seeleuten und Fischern schon seit langer Zeit ein wertvoller Gehilfe war.

Daher rührt wahrscheinlich auch seine Liebe zum Wasser. Auf Spaziergängen sollte man dem Rechnung tragen und dafür sorgen, dass er die Möglichkeit bekommt, ein wenig im Wasser zu spielen.

Er ist wesensfest und verträglich mit anderen Hunden
und Haustieren. Er gilt als besonders kinderlieb.

Er ist der Weltmeister im Apportieren.

Magyar Agar

Die Urahnen des Magyar Agar kamen mit dem berittenen Nomadenvolk, den Magyaren, im 9. Jahrhundert in das Gebiet des heutigen Ungarn.

Seine Intelligenz und Treue machen ihn zu einem idealen Hausgenossen.

Er verlässt sich fast immer auf seine Augen und nur selten auf seine Witterung, wenn es um Hasen geht.

Sein Wachtrieb ist nicht übermäßig ausgebildet.

Magyar Vizsla

Der Magyar Vizsla lässt sich in der Geschichte über viele Jahrhunderte der wechselvollen Geschichte Ungarns zurückverfolgen. Seine ursprüngliche Verwendung war die Jagd zu Pferde und die dabei angewandte Falknerei.

Er ist sehr intelligent und lernwillig. Er will als Partner verstanden sein, der alles mitmachen und miterleben will.

Was er schon als Welpe im Spiel erlernt, braucht später nicht mühsam anerzogen zu werden. Schon der Welpe verweist seinem Herrn alles, was diesen interessieren könnte.

Zu seinem ausgesprochen liebenswürdigen Charakter besitzt der Magyar Vizsla ein lebhaftes Temperament, verbunden mit einer angeborenen Fröhlichkeit und Anhänglichkeit. Die Freunde seines Herrn sind auch seine Freunde.

Mini Bull Terrier

An der Entstehung des Mini Bull Terriers waren verschiedene Terrier-Rassen beteiligt. Außerdem mischten der Dalmatiner und die Bulldogge mit..

Die kleinen und wendigen Terrier eigneten sich besonders gut als Raubzeug- und Rattenjäger.

Als man um 1900 ihr Höchstgewicht auf 3,6 kg reduzierte, drohte die Rasse auszusterben. So ein »Fliegengewicht« war nämlich schwer zu erreichen.

Sehr frühe Literaturhinweise bezeugen, dass der Mini Bull Terrier clever jeden Trick lernt und ein stets vergnügter und vorzüglicher Gesellschafter ist.

Mops

Manche Möpse schnarchen zum Steinerweichen. Besonders in der Einschlafphase. Es soll Besitzer geben, die das als angenehm empfinden.

Wegen seiner kurzen Nase sollte man den Mops bei Hitze schützen.

Er verträgt sich
im Allgemeinen
gut mit anderen
Tieren, die im Haus leben.

Ihm wird gern Faulheit
nachgesagt. Dabei ist alles nur
eine Frage der Motivation.

Neufundländer

Der Neufundländer erhielt seinen Namen von Kapitän George Cartwright, der 1775 seinen eigenen Hund so nannte. Dieser war ihm ein wertvoller Gehilfe.

In Neufundland gehörte die Zugarbeit zu seinen Aufgaben. Zum Beispiel musste er die Getränkeversorgung sicherstellen.

Zu den Geschichten über Lebensrettungen gehört auch, dass ein Neufundländer Napoleon vor dem Ertrinken gerettet haben soll.

Der Neufundländer wurde auch für den Postdienst eingesetzt. 1887 wurde seine Tätigkeit mit der Ausgabe einer Briefmarke mit seinem Abbild geehrt.

Papillon

Da die Papillons sehr gesellige
Hunde sind, kommen sie auch gut mit anderen Haustieren aus.

Regen mögen sie nicht so sehr. Wenn es unumgänglich ist, zeichnen sie sich durch erstaunliches Improvisationstalent aus.

Manche Papillons begleiten ihre Besitzer zur Arbeit, zum Beispiel im Büro, und sind dabei so angepasst, dass niemand die Anwesenheit des Hundes bemerkt.

Der Papillon sollte – wie andere Hunde auch – nicht bei Tisch gefüttert werden. Er versucht aber mit allen Tricks, die Regel zu brechen.

Pointer

Die vornehmliche Jagdaufgabe des Pointers ist das Auffinden von Wild in offenem Gelände. Dabei sucht er weiträumig und in raschem Lauf. Sobald er fündig geworden ist, zeigt er es dem Jäger an. Daher stammt sein Name.

Die Urheimat des Pointers ist Spanien. Er kam Anfang des 18. Jahrhunderts mit englischen Soldaten auf die britische Insel.

In Newcastle upon Tyne trafen sich 1859 Hunde zur ersten Rassehunde-ausstellung der Welt. Geladen waren ausschließlich Pointer und Setter. Bezeichnenderweise in Verbindung mit einer Geflügelschau.

Nach körperlicher Anstrengung darf er sich auf keinen Fall verkühlen. Kehrt er durchnässt von der Jagd zurück, muss er gründlich abfrottiert werden.

Polski Owczarek Podhalanski – Podhalaner

In seiner Heimat, der hohen Tatra, wird der Podhalaner dafür eingesetzt, die Herden vor Raubtieren wie Bären und Wölfen zu beschützen.

Die für einen Podhalaner passenden Menschen sind großzügig im Sinne von »tolerant«, dabei gleichwohl konsequent und besitzen eine große Liebe für diese Rasse und deren Eigenheiten.

Die enge Bindung an seine Menschen führt dazu, dass er bei Reisen möglichst mitgenommen werden sollte.

Tagsüber ist der Podhalaner eher etwas zurückhaltend und behäbig. In der Nacht sind seine Sinne allerdings sehr geschärft, was ihn eigentlich als Wachhund auszeichnet.

Pudel

Der schwarze Pudel Moustache soll 1799 durch seine Wachsamkeit ein ganzes französisches Regiment vor der Gefangennahme bewahrt haben. Er wurde dafür von Napoleon ausgezeichnet und zum Grenadier befördert.

Der amerikanische Musher John Suter bewies mit seinem Schlittenhundegespann mit Großpudeln, wie ausdauernd diese Tiere sein können. Er nahm mit ihm am härtesten Schlittenhunderennen der Welt, dem Iditarod, quer durch Alaska teil.

Ursprünglich waren Pudel apportierende Jagdhunde, spezialisiert auf die Wasserjagd, daher das charakteristische Haarkleid. Der Name kommt vom Altdeutschen puddeln und bedeutet im Wasser plantschen. Die Leidenschaft für das Wasser ist ihm heute noch anzumerken.

Wenn der Pudel schön aussehen soll, ist regelmäßiger Friseurbesuch unumgänglich.

Puli

Bei der Pflege des sich von Natur aus bildenden Zotthaarkleides darf man alles vergessen, was man je über die Haarpflege beim Hund gehört hat.

Als Hirtenhund war der Puli früher nicht nur für den Schutz der Rinderherden zuständig, er musste sie auch in Schach halten können.

Böse Zungen
behaupten, ein
bekannter Reggae-
Musiker sei vom »Outfit«
des Puli inspiriert worden.

Seine Lebens-
erwartung ist so
hoch, dass er sogar
seine Ur-Ur-Enkel noch
mit seinen Räubergeschichten
erfreuen kann.

Rhodesian Ridgeback

Der Rhodesian Ridgeback basiert auf alten, bodenständigen Rassen aus dem südlichen Afrika. Die ersten Großwildjäger waren von diesen Hunden begeistert.

Der Rhodesian Ridgeback ist ein sensibler, kluger Hund, der Teamarbeit schätzt, doch auch sehr eigenwillig und durchsetzungsstark sein kann. Bei Teamsportarten kann es daher gelegentlich zu einem Foul kommen.

Der Rhodesian Ridgeback ist sehr gut geeignet für Mantrailing. Ihm ist es dabei egal, ob die gesuchte Person sich zu Fuß oder mit einem Rad oder Pferd entfernt hat. Notfalls kann er die Spur auch noch nach mehreren Tagen verfolgen.

Böse Zungen behaupten, er würde seine Stubenreinheit am liebsten nachts beweisen, weil er dafür jemanden wecken darf.

Rottweiler

Die Vorfahren des Rottweilers kamen mit den Römern über die Alpen.

Unter dem Namen »Rottweiler Metzgerhund« wurde er der Treib- und Hütehund der Metzger und Viehhändler.

Nach gutem Geschäftsabschluss saßen die Metzger im Wirtshaus und hängten ihren Hunden die vollen Geldbeutel um. Da waren sie sicher verwahrt.

Als man zu Beginn des 20. Jahrhunderts Hunderassen für den Polizeidienst suchte, zeigte sich, dass der Rottweiler für die Aufgaben im Polizeidienst hervorragend geeignet ist. Im Jahre 1910 wurde er deshalb als Polizeihund offiziell anerkannt.

Samojede

Durch die Fahrten des norwegischen Entdeckers Fridtjof Nansen wurde der Samojede erstmals der Welt bekannt gemacht.

Seine sprichwörtliche Freundlichkeit geht manchmal so weit, dass er die ihm übertragenen Aufgaben nicht ernst nimmt.

Der Samojede sollte nicht zu häufig gebadet werden. Er könnte Gefallen daran finden.

Seinem Charme kann niemand widerstehen.

Schnauzer

Unter den drei Schnauzer-Rassen ist der Riesenschnauzer hervorstechend. Zu Beginn des 20. Jahrhunderts ist man im Raum München auf ihn aufmerksam geworden, wo man ihn gern als »Münchner Bierschnauzer« bezeichnet.

Der Mittelschnauzer war der Begleiter der Fuhrleute und musste unter anderem die Kutsche und Ladung vor Spitzbuben schützen.

Außerdem war es seine Aufgabe, die Ratten aus dem Stall zu vertreiben.

Auch der
Zwergschnauzer ist
ein gewissenhafter
und unbestechlicher
Wächter. Man soll sich
nicht durch seine geringe
Größe täuschen lassen.

Schweizer Laufhund

Das heutige Erscheinungsbild der ursprünglich alten Schweizer Zucht entstand unter Einfluss der »Französischen Laufhunde«, die von französischen Söldnern in die Schweiz gebracht wurden.

Seine traditionelle Jagdart besteht darin, laut zu jagen, um das Wild in die Nähe des Jägers zu treiben.

Im Haus zeigt er sich als ein angenehmer Gefährte. Er ist sehr sauber und zeigt vollendete Manieren.

Auf der Jagd ist er unermüdlich, darum muss man ihn daran erinnern, dass er nicht übertreibt und das Wild solange verfolgt, bis er es einfängt.

Sheltie

Der Sheltie stammt von den Shetlandinseln im Nordosten Schottlands und ist ein Kreuzungsprodukt aus Border Collie und von Walfängern mitgebrachten Grönlandhunden, die man später durch Collies verfeinerte.

Ursprünglich wurde er von den Bauern gehalten, um Schafe zu hüten. Auch wenn er wetterfest ist, findet er es angenehm, wenn er sich zuweilen unterstellen kann.

Die geselligen Shelties lieben es, im Rudel zu leben, da sie sich untereinander sehr gut verstehen. Auch andere Hausgenossen wie Kaninchen oder Vögel sind für sie kein Problem.

Durch seine Wendigkeit und Ausdauer eignet er sich auch ganz hervorragend für den Hundesport. Andere Hunde überragen ihn oft an Körpergröße, aber nicht an Leistung.

Siberian Husky

Ohne den selbstlosen Einsatz der Huskies wäre die
Eroberung des Nordpols nicht möglich gewesen.

Nachts macht ihm die Kälte nichts aus. Er ist es gewohnt, im Freien zu schlafen.

Hohe Temperaturen im Sommer übersteht der Husky problemlos, wenn man daran denkt, die Klimaanlage richtig einzustellen.

Wenn die Huskies Booties tragen, handelt es sich nicht um modischen Firlefanz, sondern um Schutz gegen Verletzungen bei verharschtem Schnee.

Spitz

Sein natürliches Misstrauen macht den Spitz zum idealen und unbestechlichen Wächter für Haus, Hof und Wohnung sowie sämtliches »Inventar«.

Ein großer Vorteil dieser als Geheimtipp geltenden Hunderasse ist ihre mangelnde Neigung zum Wildern.

Der kecke Kumpel mit dem spitzen Fang eines Fuchses gilt als ausgesprochen geduldiger und nervenstarker Spielkamerad.

Die sprichwörtliche Bellfreude des vielseitigen Vierbeiners hat schon so manchen Bösewicht in die Flucht geschlagen.

Tibet Terrier

Der Tibet Terrier stammt vom »Dach der Welt«. Ein Land, dessen natürliche Bedingungen hart sind für Mensch und Tier. Es ist also kein Wunder, dass sich unter diesen schwierigen Bedingungen die Lebewesen durch eine besonders kräftige und widerstandsfähige Konstitution auszeichnen.

Er diente auch als Wach- und Hütehund. Er gab »Alarm«, wenn sich Fremde den Menschen oder Tieren näherten.

Anfang der 1920er Jahre bekam die in Indien praktizierende Ärztin Agnes Greig einen solchen Hund als Geschenk. Ein wohlhabender tibetischer Händler bedankte sich für die erfolgreiche Operation seiner Frau. Frau Dr. Greig begann in England mit der Reinzucht des Tibet Terriers.

Natürlich bedarf er einer gewissen Pflege. Kämmen und in regelmäßigen Abständen ein Bad müssen sein. Der Pflegeaufwand wird aber in der Regel ein bis zwei Stunden in der Woche nicht überschreiten.

Welsh Springer Spaniel

Den Welsh Springer Spaniel sollen enge Bande mit dem Épagneul Breton verbunden haben. Es kamen nämlich schon im Mittelalter »Vogelhunde« von Frankreich auf die Britischen Inseln.

Der Name »Springer« leitet sich von seiner Arbeit als Jagdhund ab: »to spring game« bedeutet »Wild aufstöbern, aufscheuchen«.

Das unbeständige Klima und das schwierige Gelände machen ihn robust, mutig und widerstandsfähig. Nicht mal eiskaltes Wasser bringt ihn zum Schlottern.

Wenn er etwas angestellt hat, tut er gern so, als ginge ihn das alles überhaupt nichts an.

West Highland White Terrier

Wer sich für einen Westie als Zweithund entscheidet, sollte wissen, dass der Westie, unabhängig davon, wie groß der erste Hund ist, die Hierarchie durcheinanderbringt und die Führungsrolle übernimmt.

Colonel Malcolm aus Poltalloch in Argyllshire gilt als Begründer der Rasse und hat ihr auch ihren Namen »West Highland White Terrier« gegeben; ein zäher, widerstandsfähiger Terrier, der vor gar nichts Respekt zeigt.

Die Hunderasse ist auch das »Wappentier« vom Schottischen Bahnbetriebswerk in Eastfield (Glasgow), auf den Lokomotiven prangt ein Bild des West Highland White Terriers.

Die Schotten lieben ihre Hunde so sehr, dass sie ihnen sogar ein Getränk gewidmet haben.

Whippet

Der Whippet wurde schon im 19. Jahrhundert in Großbritannien – laut Überlieferung von englischen Bergleuten – zur Jagd auf Sicht nach Kaninchen eingesetzt.

Der Winter ist nicht seine bevorzugte Jahreszeit. Stattdessen liebt er die Wärme und ist ein Sonnenanbeter, der jeden Sonnenstrahl nutzt.

Stundenlang kann er auf seinem Sofaplatz liegen. Dann fühlt er sich wohl und kann alles beobachten, was ihm wichtig ist.

Aufgrund ihrer großen Verträglichkeit und ihrer Reinlichkeit sind Whippets auch angenehme Familienhunde.

Wolfspitz

Die Vorfahren des
Wolfspitzes haben
schon für prähistorische Höhlenmalereien
Modell gestanden.

Er wurde bald Wächter und Beschützer des Viehs gegen Fuchs und Wolf.

Ein Wolfspitz war um 1781 das Maskottchen und ständiger Begleiter des Anführers der holländischen Volkspartei Cornelis »Kees« de Gyzelar, daher kommt die Bezeichnung »Keeshond«. Ihre Gegner, die konservative Oranierpartei, hatte den Mops als Symbol.

Der Großspitz ist robust, eigentlich könnte er das ganze Jahr über in einer Hundehütte schlafen, doch braucht er seine Familie um sich herum. Darum ist es das Beste, die Hütte ins Haus zu stellen.

Yorkshire Terrier

Der Yorkshire Terrier stammt aus dem englischen Bergbaurevier Yorkshire. Es waren die Zechenkumpel, die dafür sorgten, dass der Hund sein charakteristisches Aussehen erhielt.

Als Stammvater aller Yorkshire Terrier gilt Huddersfield Ben.
Er wurde 1865 geboren, gewann jede Menge Preise auf Ausstellungen und war erfolgreich in den damals üblichen Ratten-Tötungswettbewerben.

Heute hat der Yorkie eher andere Vorlieben. Ratten gehören meistens nicht mehr zu den Statussymbolen.

Seine kleine Größe lässt leicht vergessen, dass er einen ausgeprägten Wachsamkeits- und Beschützerinstinkt hat. Das wird leicht unterschätzt.

Zwergschnauzer

Ursprünglich benutzte man den Zwergschnauzer in Süddeutschland als Stallhund, wo er als Gehilfe der Kutscher sehr geschätzt wurde.

Er war der Schrecken der Ratten, was ihm früher die Bezeichnung »Rattler« einbrachte.

Er ist ein idealer Hausgenosse, der sich auch in einer kleinen Wohnung wohlfühlt.

In seiner Umgebung wirkt alles etwas größer, auch mancher Leckerbissen.

Foto: Horst Atay

Über den Autor

Heinz Grundel ist seit über 30 Jahren als freier Grafiker und Cartoonist tätig. Besonderen Spaß macht ihm das Zeichnen und Karikieren von Hunden, weil er hier all die liebenswerten, komischen und manchmal skurrilen Eigenschaften der lieben Vierbeiner wunderbar einfangen kann. Jahrelang aktiv im Schlittenhundesport tätig, inspirierte ihn vor allem sein eigenes Hunderudel zu immer neuen Ideen. Er veröffentlichte bereits die Bücher »Geliebte Schlittenhunde« und »Der Struwwelköter« sowie zahlreiche Kalender und Postkarten, die bei Hundefreunden heiß begehrt sind.
Außerdem illustrierte er etliche Hundebücher.
Zusammen mit seinem Hund Arlo lebt und arbeitet er in der Nähe von Osnabrück.

Heinz Grundel

Der Struwwelköter

Seht einmal, das ist er
Hundehaufen frisst er.
Seine Krallen fast ein Jahr
Bürsten lässt er nicht sein Haar.
Will nicht brav spazierengehn,
Pinkelt immer nur im Stehn.
Pfui! ruft da ein jeder:
Garst'ger Struwwelköter!

32 Seiten, durchgehend farbige Zeichnungen, Großformat
ISBN 978-3-938071-58-8
9,90 € (D) 10,20 € (A) 16,30 CHF

Kynos Verlag Dr. Dieter Fleig GmbH
www.kynos-verlag.de